Eisenbahn-Kurier

Elektrische Lokomotiven

fotografiert von

Carl Bellingrodt

Eisenbahn-Kurier

ISBN 3-88 255-210-7

Eisenbahn-Kurier Verlag GmbH * Postfach 55 60 * 7800 Freiburg i. Brsg.

Zum Geleit

Ende Mai 1979 ist es 100 Jahre her, daß das erste Mal eine Lokomotive mit elektrischem Antrieb drei mit Personen besetzte Wagen beförderte – Grund für den EK, zu diesem Jubiläum einen dritten Band aus dem berühmten Bildarchiv von Carl Bellingrodt vorzulegen.

Um der Wahrheit die Ehre zu geben, müßte der Titel richtiger „aus der Sammlung Bellingrodt" heißen, denn ein Teil der Aufnahmen stammt von Fotografen, die auch wie Carl Bellingrodt am Deutschen Lokomotivbild-Archiv (DLA) mitgearbeitet haben. 1929 gründete Hermann Maey an der Technischen Hochschule Darmstadt das DLA. Carl Bellingrodt gehörte ebenso wie Werner Hubert, Rudolf Kallmünzer und Rudolf Kreutzer zu den Mitarbeitern der ersten Stunde.

Zwischen den Weltkriegen war der elektrische Zugbetrieb räumlich eng begrenzt mit je einem Netz in Bayern, Mitteldeutschland und Schlesien. Die in dieser Zeit von Carl Bellingrodt selbst aufgenommenen Glasplatten stammen von einigen Urlaubsreisen in diese Gebiete. Da alle Aufnahmen in die Sammlung des DLA gelangten, entwickelte keiner der Fotografen den Ehrgeiz, jede Type selbst aufzunehmen.

Den Zweiten Weltkrieg überlebte das Deutsche Lokomotivbild-Archiv nicht. Die Plattensammlungen der Fotografen wurden – mit Ausnahme der Platten von Carl Bellingrodt – ein Opfer der Kriegsereignisse. 1949 begann Carl Bellingrodt wieder, jetzt unter dem Namen „LokomotivbildArchiv Bellingrodt", mit dem Aufbau einer Sammlung. Was er selbst nicht fotografierte, wurde von Postkarten reproduziert, die den Krieg überstanden hatten.

Inzwischen reiste Carl Bellingrodt auch wieder mit seiner Plattenkamera (10 x 15 cm) an die Strecken und Bahnhöfe der 1949 gegründeten Deutschen Bundesbahn. So gibt es von ihm von fast allen seit 1949 elektrifizierten Strecken auch Landschaftsfotos.

Ohne Carl Bellingrodts Fleiß und Ausdauer beim Sammeln und Reproduzieren von verlorengegangenem Bildmaterial sowie dem fotografischen Erfassen der Nachkriegszeit würden uns viele Bilddokumente nicht zur Verfügung stehen. Durch seine Sammlung wird sein Name auch späteren Generationen ein Begriff sein.

Die in diesem Band gezeigten Lichtbilder sind eine Mischung aus den bei vielen geschätzten Lokomotiv-Standardaufnahmen und den für Carl Bellingrodt typischen Landschaftsaufnahmen. Sie stammen bis auf zwei aus dem Zeitraum, seit dem der Nummernplan der Deutschen Reichsbahn-Gesellschaft vom August 1926 Gültigkeit hatte und sind auch nach diesem Plan geordnet. Es wird weder Anspruch auf eine lückenlose Darstellung noch auf eine komplette Aufzählung der technischen Daten und Besonderheiten erhoben. Vielmehr soll das Auge auf den großformatigen Fotos verweilen und die Gedanken von der Ausstrahlung der Bilder eingefangen werden.

Möge dieser dritte Band ebenso wie seine beiden Vorgänger beim Leser mit Freude aufgenommen werden.

Bernhard Schreiber

Verzeichnis der Bildautoren

Carl Bellingrodt	1, 2, 9, 15 - 19, 21 - 25, 28 - 34, 38 - 47, 50, 52, 53, 56, 60, 63, 65, 66, 68 - 71, 76, 77, 80 - 82, 84, 87, 88, 94, 96 - 98, 101, 102, 108, 109, 112 - 114, 116 - 118, 122, 124, 127, 131 - 133, 139, 140, 142 - 146, 148 - 150, 152 - 159, 161, 166 - 169, 171, 172, 174 - 176
Werner Hubert	4, 5, 6, 8
Rudolf Kallmünzer	7, 72, 91, 100
Rudolf Kreutzer	73
Herrman Maey	26, 27, 36, 54, 55, 58, 61, 75, 78, 86, 89, 99, 104 - 106, 110, 111, 121, 123, 125, 126, 129, 130, 134-136, 147, 151, 160, 162-165,
Hendrik Müller	64
Dr. Günther Scheingraber	3, 10 - 12, 13, 14, 20, 37, 48, 49, 51, 57, 59, 62, 67, 79, 83, 93, 103, 107, 115, 128, 137, 138, 170
Werkfoto Borsig	35
Werkfoto Schwartzkopff	85
Werkfoto Siemens	74
Unbekannt	90, 92, 95, 119, 120, 141, 173

Verzeichnis der abgebildeten Lokomotiven

E 03 004

E 04 09, 17, 20

E 05 002, 103

E 06 01, 10

E 10 001, 002, 003, 004, 005, 102, 121, 122, 185, 203, 340, 467, 1242, 1244, 1270, 1312

E 16 03, 09, 18, 20, 101

E 17 12, 108, 112, 113, 114

E 18 01', 01'', 06, 10, 12, 15, 16, 22, 24, 28, 37, 054

E 19 01, 02, 11, 12

E 21 01, 51

E 32 08, 22, 31, 108

E 36 01, 22

E 40 074, 100, 103, 156, 1131

E 41 001, 009, 018, 025, 072, 212

E 42 15, 19

E 44 001, 006, 019, 059, 087, 094[G], 099, 102', 103', 167[W], 501, 508, 509, 2001

E 50 37', 48', 001, 011, 012, 014, 017, 019, 020

E 52 01, 22, 30, 33

E 60 05, 08

E 61 09, 21

E 62 01, 04

E 63 01, 06, 07, 08

E 69 01, 02, 03, 04, 05

E 70 08, 21

E 71 19, 22, 32

E 73 01, 03, 05, 06

E 75 02, 67

E 77 28, 75

E 79 02

E 80 01, 03, 05

E 90 52, 53, 57

E 91 03, 08, 18, 47, 102

E 92 79

E 93 02, 07, 13, 17

E 94 001, 023, 075, 086, 093, 121, 126, 276

E 95 01

E170 01

E 178 01

E 244 01, 11, 21, 22, 31

E 310 001, 002

E 320 21

1 — *Rechtzeitig zur Internationalen Verkehrsausstellung in München im Sommer 1965 konnten vier Probelokomotiven einer neuen Hochleistungs-Schnellfahrlokomotive in Dienst gestellt werden. — E 03 004 (Bw München Hbf) als Zuglok vor dem F 55 (München — Hamburg) in Retzbach am Main, 1966.*

2 – E 04 17 (Bw München Hbf) fährt am Sonntagmorgen den P 1355 von Garmisch-Partenkirchen nach München Hbf, 4. Mai 1957.

3 — *E 04 20 (Bw München Hbf) im Vorfeld des Münchner Hauptbahnhofes, 1950.*

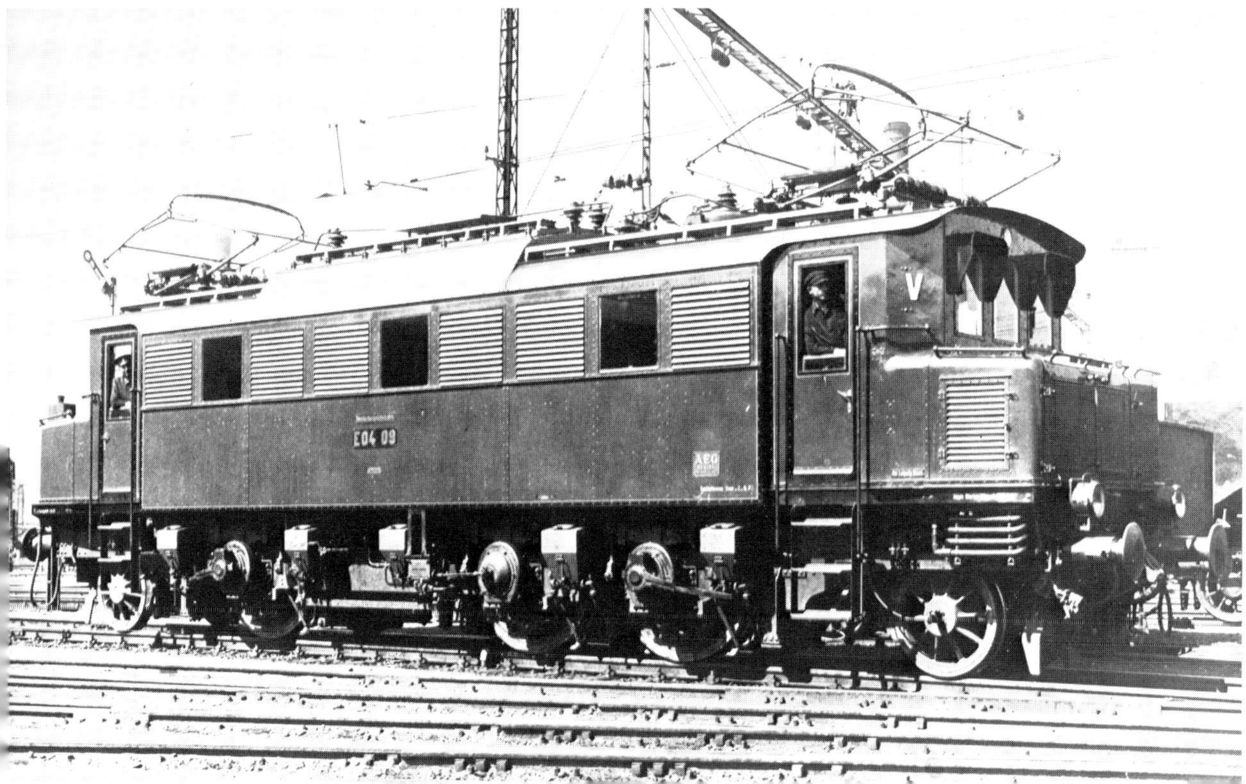

4 — *Die E 04 09 (Bw Leipzig West) erreichte bei einem Schnellfahrversuch am 28. Juni 1933 zwischen München und Stuttgart eine Höchstgeschwindigkeit von 151,5 km/h. Das Bild zeigt die von der AEG gebaute Maschine im Jahre 1933.*

5 – *Trotz guter Erfahrungen mit dem elastischen AEG-Federtopfantrieb, bestellte die Deutsche Reichsbahn drei Lokomotiven mit Tatzlagerantrieb bei den Firmen Henschel und Siemens. Sie sollten das gleiche Betriebsprogramm wie die E 04 abwickeln. – Die Aufnahme zeigt die E 05 002 in ihrem Heimat-Bw Leipzig Hbf West 1933 noch vor ihrer Abnahme.*

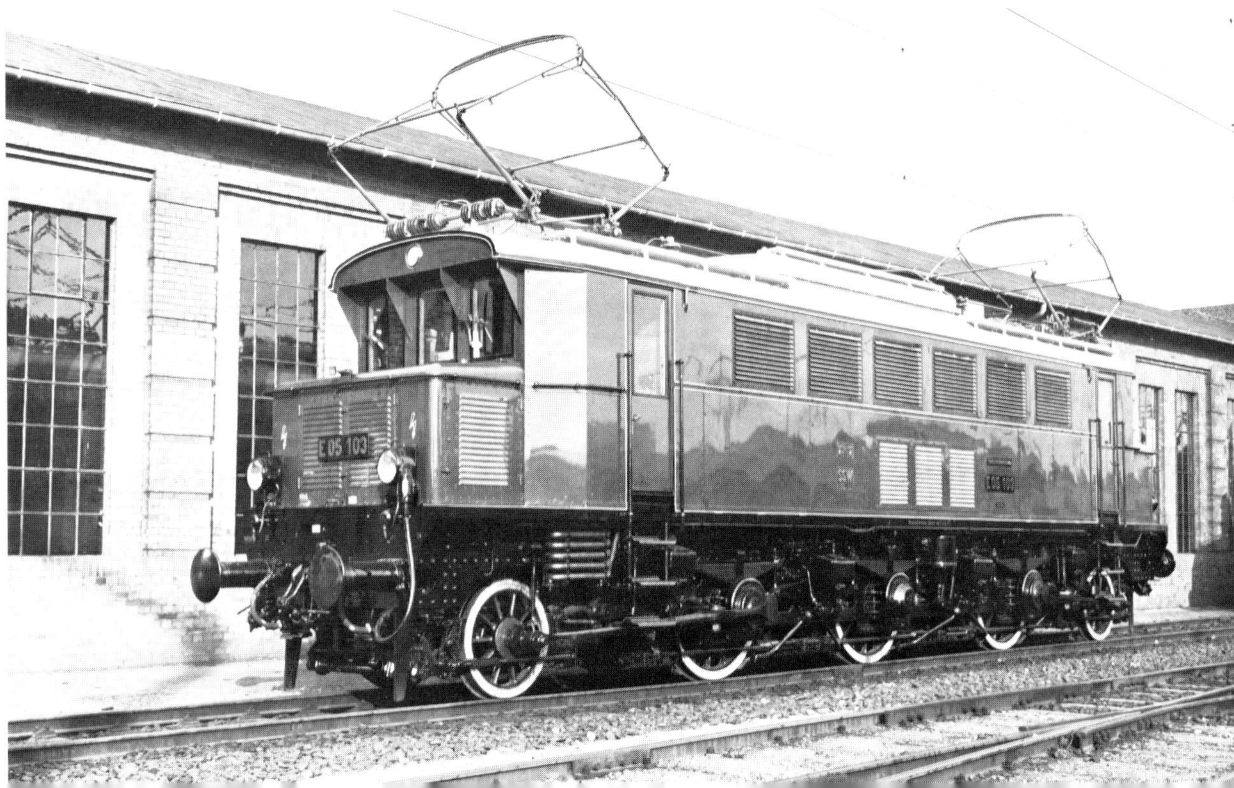

6 – *Die dritte E 05 erhielt wegen ihrer anderen Laufwerkskonstruktion eine eigene Unterbauart (E 05.1). Als E 05 103 wurde sie in den Bestand der Deutschen Reichsbahn übernommen.*

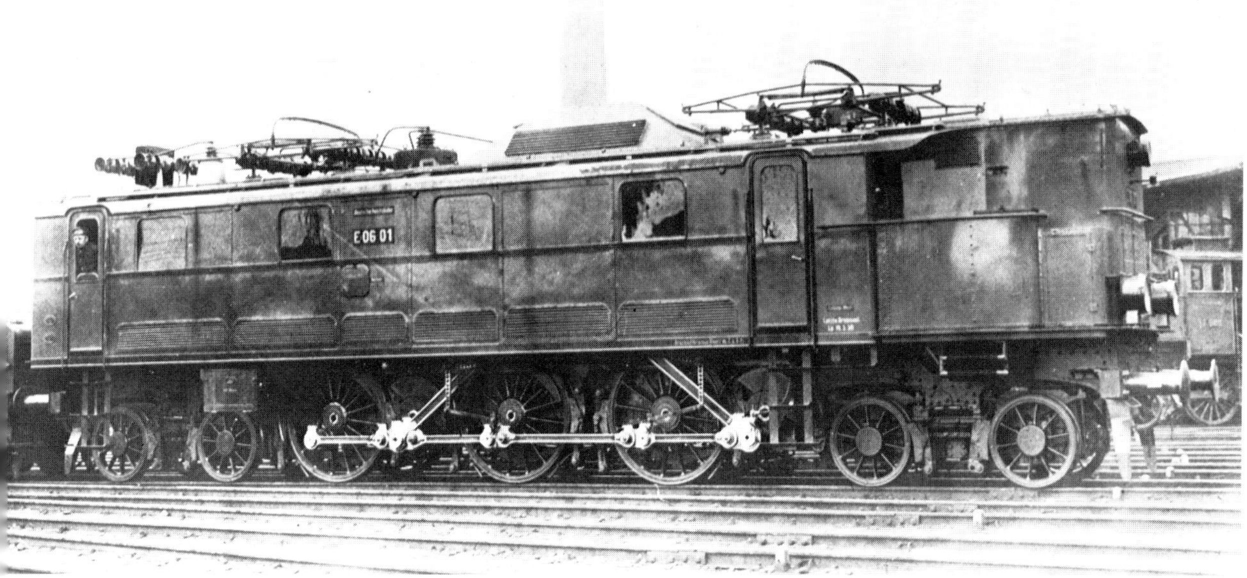

7 — *Die Baureihe E 06 hatte den im Durchmesser größten Motor der Deutschen Reichsbahn eingebaut. Die Maschine war für den schweren Schnellzugdienst auf dem mitteldeutschen Netz vorgesehen. – E 06 01 (Bw Leipzig Hbf West), 1930.*

8 — *Die E 06 10 vom Bw Bitterfeld gehört zu einer zweiten Nachbestellung von diesmal fünf Maschinen.*

9 — *(rechts) Hier eine Betriebsaufnahme von E 10 004 (Bw Nürnberg Hbf) vor D 292 (Köln – Nürnberg) aus dem Fürther Hbf ausfahrend, 25. April 1955.*

E 10 004

10 — *In den Jahren 1952/53 wurden von verschiedenen Herstellern fünf Bo'Bo'-Versuchslokomotiven an die Deutsche Bundesbahn abgeliefert. Bei ihnen kamen die unterschiedlichen Konstruktionselemente zum Einbau. – E 10 001 im AW München-Freimann vor der Abnahme 1952.*

11 — *E 10 002 im Mai 1954 in ihrem Heimat-Bw Nürnberg Hbf neben E 18 24 vom Bw Stuttgart Hbf.*

12 – *E 10 003 vor der großen Richthalle des AW München-Freimann, vor der Abnahme.*

13 – *Für den Fotografen wurde die E 10 005 (Bw Nürnberg Hbf) in die winterliche Morgensonne im Bw München Hbf gefahren, 1953/54.*

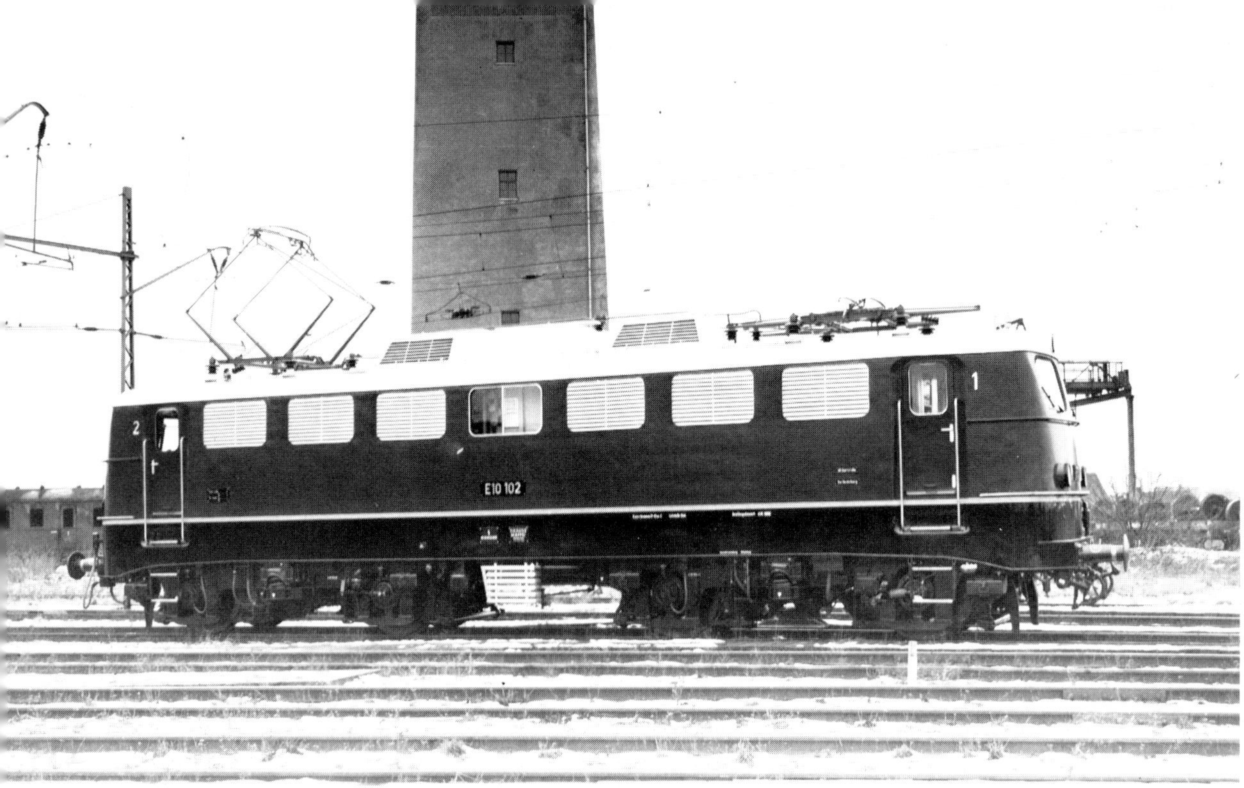

14 — *Die aus den fünf Versuchslokomotiven gewonnenen Erkenntnisse wurden bei der Serienausführung der Baureihe E 10 verwendet. — E 10 102 nach der Anlieferung 1956 im AW München-Freimann.*

15 — *Für die Bespannung der F-Züge „Rheingold" und „Rheinpfeil" wurden 1962 sechs Serienmaschinen der Baureihe E 10 mit geänderten Getrieben für eine Höchstgeschwindigkeit von 160 km/h ausgerüstet. — E 10 1242 (Bw Heidelberg) am 5. April 1962 in Mannheim Hbf.*

16 – Ab E 10 289 erhielten die Maschinen den Lokomotivkasten wie er erstmals bei E 10 1265 - 1270 gebaut wurde. – E 10 340 (Bw Stuttgart Hbf) mit Versuchslackierung im September 1964 in Dortmund.

17 — *E 10 121 (Bw Dortmund Bbf) und 01 168 (Bw Frankfurt/Main 1) vor N 1230 (Remagen – Frankfurt/Main) bei Trechtingshausen, auf der linksrheinischen Strecke, 18. März 1958.*

18 — *(rechts) Auch das Bw Koblenz/Mosel war einmal Heimat-Bw für Maschinen der Baureihe E 10. Am 12. März 1958 zog die Koblenzer E 10 122 den P 1284 (Koblenz – Frankfurt/Main). Der Fotograf stand diesmal nördlich von Oberwesel.*

19 — *Seit rund drei Monaten ist Remagen, von Koblenz kommend, „Endstation" des elektrischen Bahnbetriebs. — E 10 203 (Bw Mainz) steht vor N 1230 (Remagen — Frankfurt/M) abfahrbereit, während zwei Gleise daneben der F 164 „Loreley-Express" (Hoeck van Holland — Basel SBB) mit V 200 014 (Bw Frankfurt-Griesheim) vorbeifährt, 25. August 1958.*

20 — *Vor Abfahrt des Zuges füllt der Zugführer den Bremszettel aus. Abfahrbereit stehen am 11. Mai 1958 E 10 185 (Bw Stuttgart) und E 18 048 (Bw Nürnberg Hbf) im Münchner Hauptbahnhof nebeneinander.*

21 — *(rechts) E 10 467 (Bw Dortmund Bbf) vor D 456 in Andernach, 1966. Dahinter eine der schönsten romanischen Kirchen des Rheinlandes, die Liebfrauenkirche.*

22 — *Ab Sommerfahrplan 1962 fuhr der „Rheingold“ erstmals nach dem Kriege wieder mit besonderem Wagenmaterial. — E 10 1244 (Bw Heidelberg) ist die Zuglok des F 9 „Rheingold“ (Basel SBB — Amsterdam) bei Trechtingshausen, 20. Juni 1962.*

23 – *Auf dem Abschnitt Forchheim – Bamberg führte die Deutsche Bundesbahn Versuchsfahrten, die für die Entwicklung der Baureihe E 03 notwendig waren, mit hohen Geschwindigkeiten durch. – E 10 1270 (Bw Heidelberg) mit Meßwagen und V 320 001 (Bw Hamm) als Bremslokomotive. Bei einer dieser Versuchsfahrten erreichte E 10 1270 eine Geschwindigkeit von 180 km/h, ohne daß dafür Veränderungen am Fahrzeug vorgenommen wurden.*

24 — *E 10 1312 (Bw Nürnberg Hbf) zog girlandengeschmückt am 29. Mai 1964 den Eröffnungszug auf dem elektrifizierten Abschnitt Hochdahl – Wuppertal – Unna – Hamm. Die Aufnahme entstand kurz vor dem Bahnhof Wuppertal-Elberfeld. Im Hintergrund das Schwebebahngerüst über der Wupper.*

25 — *(rechts) E 16 03 (Bw Rosenheim) zieht den D 82 „ Alpen-Express" (Kopenhagen – Rom) auf dem Abschnitt München – Kufstein. Bei München Süd begegnet sie 38 1924 vom Bw Simbach, 1. Juni 1958.*

E16 03

26 — *Mit der Erweiterung des elektrischen Netzes in Bayern lohnte sich der Einsatz von elektrischen Schnellzuglokomotiven. Ab 1926 erschien die 1'Do1'-Lokomotive im Betrieb. Als Antrieb wurde der bereits in der Schweiz verwendete Buchli-Antrieb eingebaut. — Die Aufnahme zeigt die antriebslose rechte Seite der E 16 09.*

27 — *E 16 18 (Bw München Hbf) ist die erste Maschine einer zweiten Nachlieferung von insgesamt vier Lokomotiven. Hier die linke Fahrzeugseite mit dem verkleideten Antriebssystem auf einer Aufnahme, die am 16. April 1938 im Bw München Hbf entstand.*

28 – E 16 20 (Bw Freilassing) fährt mit E 533 (München – Salzburg) aus dem Münchner Hauptbahnhof aus, 1959.

29 – Auf der Suche nach einer neuen Schnellzuglokomotive für das schlesische Netz wurden zwischen 1926 und 1928 fünf verschiedene Lokomotiven mit Einzelachsantrieb geliefert. – E 16 101 im Zustand Mitte der dreißiger Jahre.

30 – *E 17 12 (Bw München Hbf) mit D 162 „Karwendel-Express" (München – Innsbruck) am 28. Juni 1934 in der Nähe der mit 952 m ü. M. höchsten Schnellzugstation der Deutschen Reichsbahn (Klais).*

31 — E 17 108 zieht E 1313 über die Muldebrücke bei Dessau, 1932.

32 — (rechts) E 17 112 (Bw Stuttgart) mit F 40 „Mozart" (München – Straßburg) im April 1958 in der Nähe von Stuttgart-Zuffenhausen.

33 – *Aus den Versuchsfahrzeugen E 16 101, E 18 01' und E 21 01 bzw. 02 wurde die E 17 entwickelt. Als erste wurde E 17 113 an die Deutsche Reichs*
bahn abgeliefert und im schlesischen Netz eingesetzt. – E 17 117 (Bw Schlauroth) vor dem Lokschuppen des Bw Hirschberg, 1936.

34 – *(rechts) E 17 114 (Bw Schlauroth) hat mit E 176 (Glatz – Berlin Görlitzer Bhf) soeben die Neiße in Görlitz überquert, 1936.*

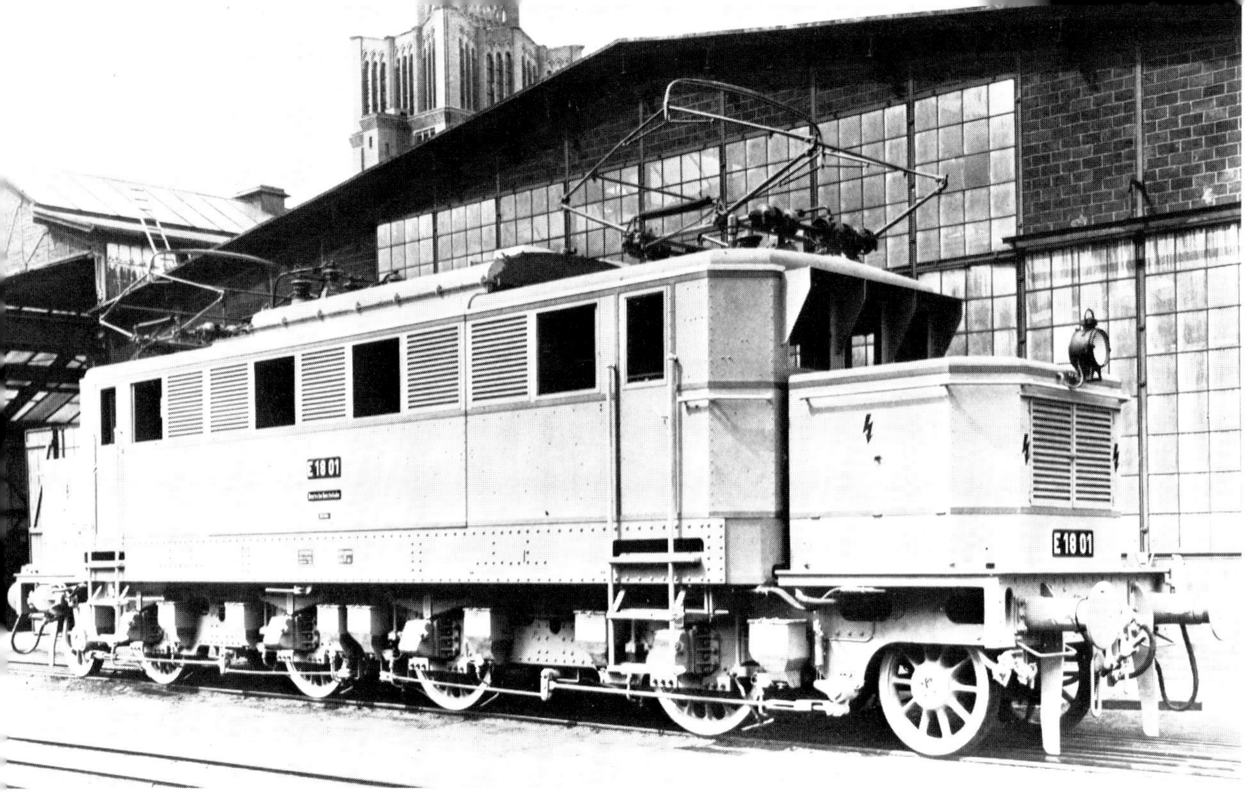

35 – E 18 01', eine weitere Ausführung der fünf Versuchsmaschinen, die inzwischen geliefert wurden. Noch bevor die spätere Baureihe E 18 zur Auslieferung kam, wurde diese Lokomotive in E 15 01 umgenummert. Die Aufnahme ist 1927 auf dem Werksgelände der Firma Borsig in Berlin-Tegel entstanden.

36 – Am 11. Mai 1935 lieferte die AEG die erste Maschine der Baureihe E 18 ab. Bei der Konstruktion stand die E 17 beim mechanischen und die E 04 beim elektrischen Teil Pate. – E 18 01'' (Bw München Hbf) am 19. Juli 1935 im Bw München Hbf.

37 – *Nach dem Krieg konnten bei der Firma Krupp in Zusammenarbeit mit der AEG aus vorhandenen Teilen zwei weitere E 18 gefertigt werden. – E 18 054 (Bw München Hbf) auf dem Gelände des Heimat-Bahnbetriebswerkes, 1955.*

38 – *E 18 15 vor dem Lokschuppen des Bw Hirschberg, 1936.*

39 — *E 18 06 (Bw München Hbf) auf der 1912 elektrifizierten Mittenwaldbahn. Die Aufnahme, die 1957 entstand, zeigt die Lok vor P 1655 (Mittenwald – Garmisch-Partenkirchen).*

40 — *(rechts) E 18 10 (Bw Hirschberg) war die erste Lokomotive dieser Bauart, die auf dem schlesischen Netz zum Einsatz kam. Hier die Maschine vor E 232 (Hirschberg – Stettin) in Reibnitz westlich Hirschberg, 1936.*

41 – *(links) E 682 (Frankfurt/Main – Regensburg) hat soeben Heigenbrücken verlassen und rollt seinem nächsten Halt Lohr Bhf entgegen. Am 4. Juni 1960 war E 18 12 (Bw Nürnberg Hbf) die Zuglok.*

42 – *(oben) Für die 200 km bis Görlitz wird E 18 15 (Bw Hirschberg) vor D 192 (Breslau Freiburger Bhf – Berlin Görlitzer Bhf) rund drei Stunden benötigen. Das Bild zeigt die Ausfahrt aus dem Freiburger Bahnhof in Breslau 1936.*

43 – *Die Deutsche Reichsbahn stellte neben anderen Fahrzeugen E 18 22 auf der Internationalen Ausstellung in Paris 1937 aus. Die Lokomotive konnte drei große Preise und ein Ehrendiplom erringen. – E 18 22 (Bw München Hbf) durchfährt den Bahnhof Asperg vor D 37 (Karlsruhe – München) am 25. Juni 1952.*

44 – *F 56 „Blauer Enzian“ (Hamburg-Altona – München). Die Aufnahme zeigt den inzwischen blau lackierten Henschel-Wegmann-Zug mit der E 18 16 (Bw Nürnberg Hbf) bei Treuchtlingen, 1954.*

45 – *F 40 „Mozart“ (München – Straßburg) mit E 18 24 (Bw Stuttgart) als Zuglok, am 18. April 1958 im Bahnhof Obertürkheim aufgenommen.*

46 – D 504 (Hagen – München) hatte im Kursbuch das zusätzliche Zeichen „LS" für „D-Zug mit modernen Leichtbauwagen und kurzen Reisezeiten." E 18 28 (Bw Stuttgart) hat ihn hier in Heidelberg übernommen und wird bis Stuttgart Hbf vor dem Zug bleiben, 22. Juli 1956.

47 – *E 18 37 als Zuglok des P 1129 in der Nähe des Bahnhofes Nürnberg Neusündersbühl.*

48 – *Sie war die 5000ste Lokomotive, die die AEG gebaut hat. – E 18 01 (Bw Nürnberg Hbf) steht 1949 bei der Firma Krauss-Maffei, die in dieser Zeit als privates Ausbesserungswerk fungiert, abgestellt.*

49 – *E 19 01 (Bw Nürnberg Hbf), die Zuglok des Touristenzuges „Alpen-See-Express", im Münchner Hauptbahnhof 1951. Einer der ersten Reisebüro-Sonderzüge nach dem Krieg.*

50 — E 19 02 (Bw Nürnberg Hbf) fährt am 26. April 1955 mit E 910 in den Fürther Hauptbahnhof ein.

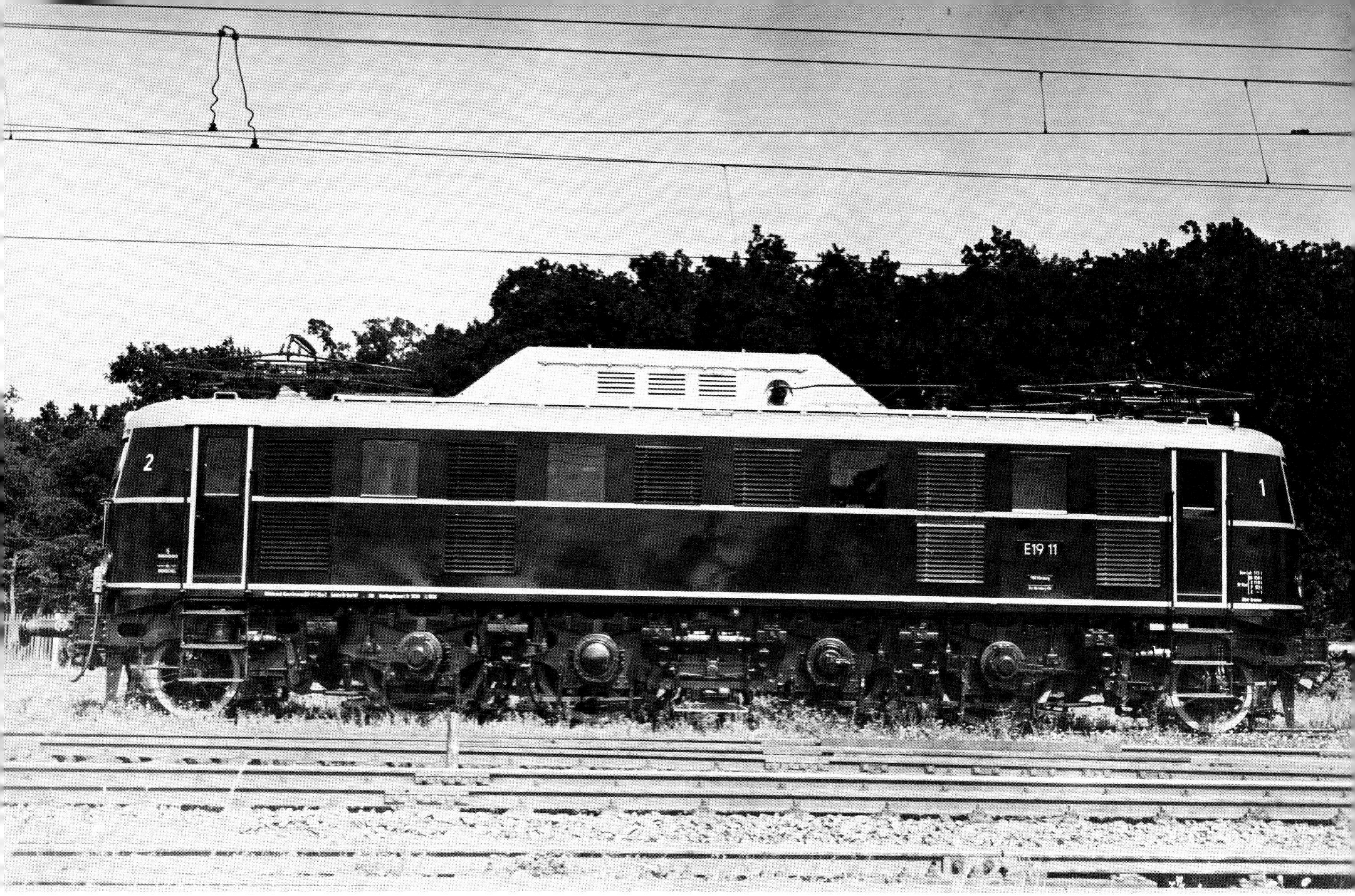

51 — *Auch die Firma Siemens lieferte in Zusammenarbeit mit Henschel zwei Lokomotiven der Baureihe E 19. — E 19 11 (Bw Nürnberg Hbf) in ihrem Zustand von 1950.*

52 — *(rechts oben) E 19 11 (Bw Nürnberg Hbf) zieht D 257 (München — Frankfurt) auf dem seit Oktober 1954 elektrifizierten Abschnitt Fürth — Würzburg bei Kitzingen, Mai 1955. Auf dieser Strecke wurden erstmals Fahrleitungsmaste aus Schleuderbeton aufgestellt.*

53 — *(rechts unten) E 19 12 (Bw Nürnberg Hbf) am 16. Mai 1955 im Würzburger Hauptbahnhof.*

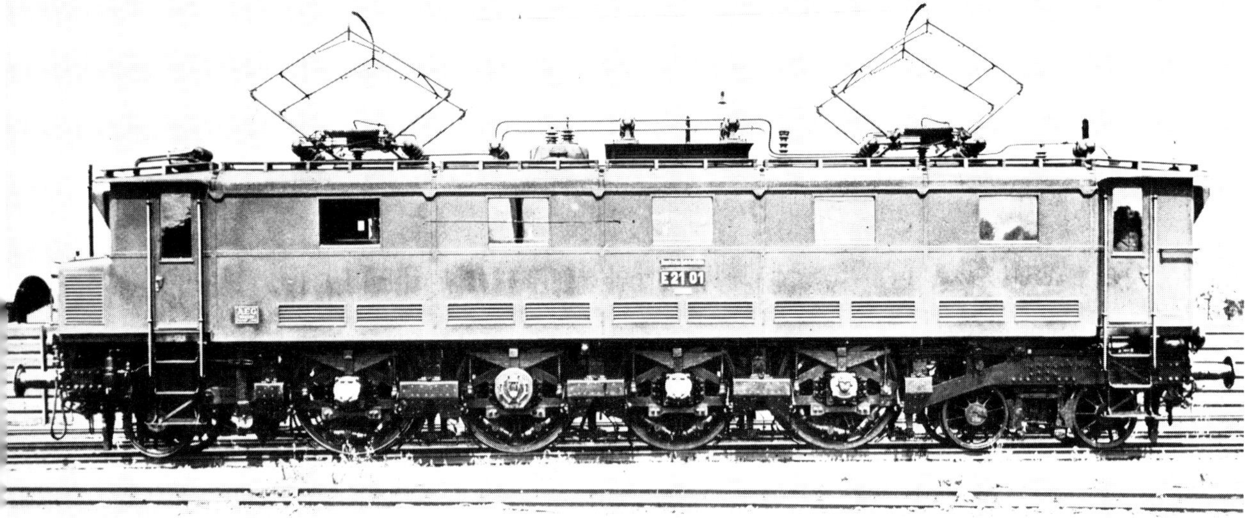

54 — *Am 11. Oktober 1926 wurde die im November 1924 bei der AEG bestellte Probelok für den Schnellzugdienst abgeliefert. Bei ihr kam der aus dem Westinghouse-Antrieb weiterentwickelte Kleinow-Federtopfantrieb erstmals zur Anwendung. – E 21 01 im Jahre 1933.*

55 — *Die E 21 51 ist die letzte der fünf bestellten Versuchslokomotiven. Weil das Antriebssystem anfangs Schwierigkeiten bereitete (die später zur Zufriedenheit beseitigt wurden), wurde das Konstruktionselement nicht für die neue elektrische Schnellzuglokomotive E 17 übernommen. – E 21 51 (Bw Hirschberg) 1933.*

56 – *E 32 08 (Bw Basel) vor P 2726 (Efringen-Kirchen – Basel Bad Bhf) aus dem Bahnhof Efringen-Kirchen ausfahrend, 1957.*

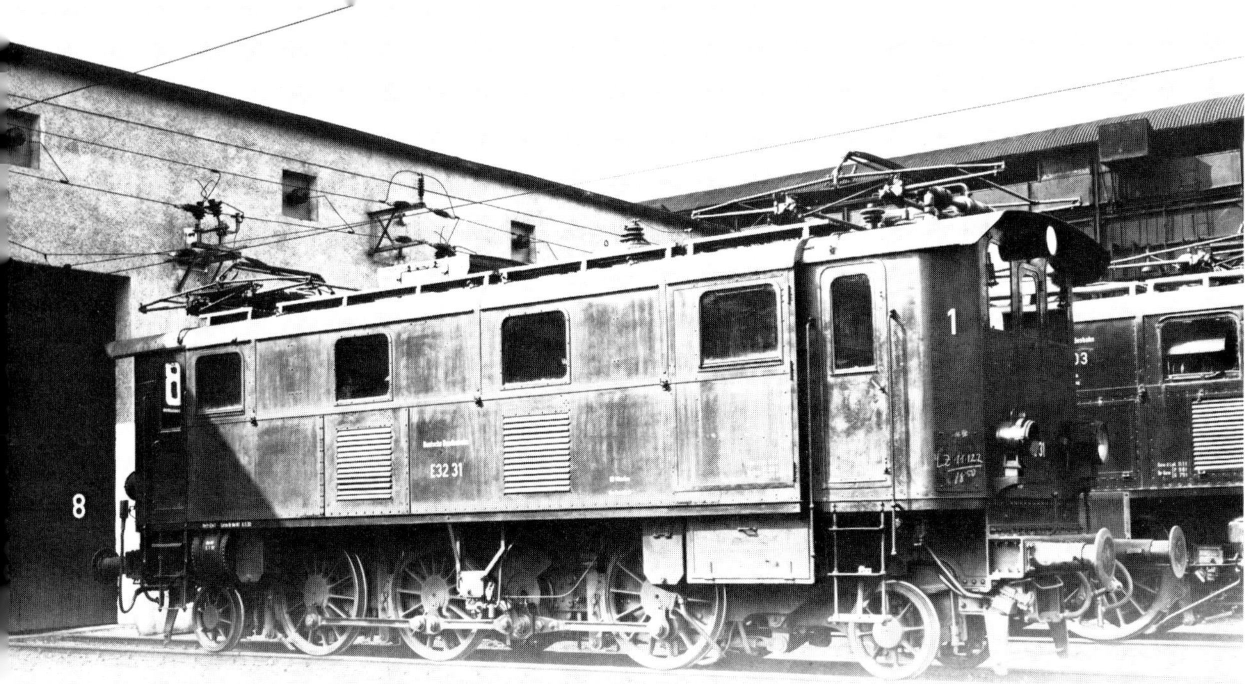

57 — *E 32 31 (Bw Garmisch-Partenkirchen) ist vor dem Rechteck-Lokschuppen des Bw München Hbf abgestellt, 16. April 1954.*

58 — *Durch Änderung der Getriebeuntersetzung konnte die Höchstgeschwindigkeit von 75 auf 90 km/h erhöht werden. Der Umbau erfolgte bei acht Maschinen. Gleichzeitig wurden sie in E 32 101-108 umgenummert. — E 32 108 (Bw Augsburg) in München am 16. April 1938.*

59 – *Zu ihren letzten Aufgaben im Münchner Raum gehörte die Beförderung der Leerzüge vom Hauptbahnhof zu den Abstellanlagen in Pasing und zurück. – E 32 22 (Bw München Hbf) mit Wagengarnitur des „Blauen Enzian“ in München 1960.*

60 – *Für den elektrischen Zugbetrieb auf der Strecke Freilassing – Berchtesgaden bestellte die Bayerische Staatsbahn 1912 je vier Lokomotiven der Gattung EP 3 und EP 4. Die Deutsche Reichsbahn faßte die acht Maschinen in der Baureihe E 36 zusammen. E 36 01 vom Bw Freilassing.*

61 – *E 36 22 (Bw Freilassing). Trotz ihrer bescheidenen Leistung von 960 kW gehörte ihr Motor zu den größten je gebauten 16 2/3 Hz-Bahnmotoren.*

62 – *Für den Güterzugverkehr wurde aus der Baureihe E 10 durch Getriebeänderung eine Maschine für große Anhängelasten geschaffen. – E 40 074 auf Werksprobefahrt im Bahnhof München-Allach 1957.*

63 – *Für den Einsatz auf Steigungsstrecken beschaffte die Deutsche Bundesbahn 31 Maschinen mit Widerstandsbremse. Zur Unterscheidung wurde der Ordnungsnummer eine „1" vorangestellt. – E 40 1131 (Bw Offenburg) wartet am 14. Juli 1967 in Feldberg-Bärental, dem höchsten Bahnhof der DB, auf Weiterfahrt.*

64 – E 40 100 (Bw Koblenz) vor einem Nahgüterzug im Bahnhof Oberwesel, 1959.

65 – E 40 103 (Bw Koblenz) durchfährt Mehlen mit einem Güterzug; im Hintergrund das Siebengebirge, 21. April 1959.

66 — E 40 156 (Bw Mainz-Bischofsheim) als Ersatzbespannung vor D 164 „Loreley-Express" (Hoeck van Holland — Basel SBB) fährt durch den Bahnhof Boppard, 1962.

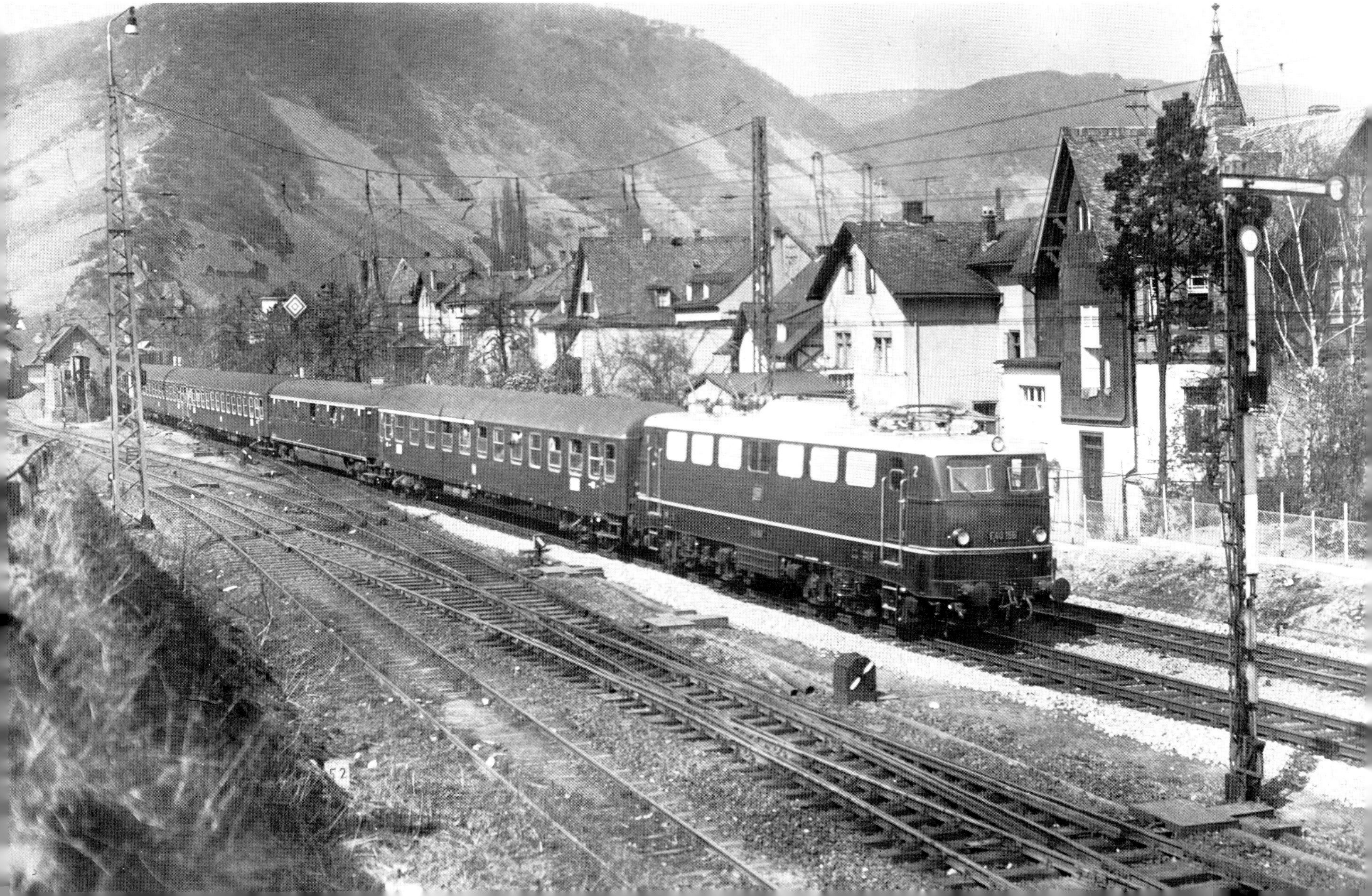

67 – *Als erste Lokomotive aus dem Neubauprogramm wurde am 29. August 1956 E 41 001 in Betrieb genommen. Die Aufnahme entstand 1956 auf dem Gelände des Bw München Hbf, wo die Maschine auch stationiert war.*

68 — *E 41 018 (Bw Karlsruhe Hbf) als Zuglok des N 1933 (Heidelberg – Frankfurt/M) verläßt den Bahnhof Darmstadt Süd am 11. Mai 1958.*

69 — *Hier zieht E 41 009 mit E 41 025 als Vorspannlok (beide Bw München Hbf) einen Schülersonderzug aus dem Bahnhof Garmisch-Partenkirchen am 24. Mai 1957.*

70 — *(rechts) Auf der linken Rheinstrecke bei Rolandseck ist E 41 072 (Bw Köln-Deutzerfeld) mit N 3360 (Köln-Deutz-Koblenz) unterwegs, 1959.*

E41 072

71 – E 41 212 (Bw Offenburg) hat vor dem Autoreisezug D 449 (Domodossola – Amsterdam) soeben den Bahnhof Boppard durchfahren, 18. Juni 1962.

72 — *Im Führer durch die Eisenbahntechnische Ausstellung in Seddin steht unter der laufenden Nummer 328 „Allgemeine Elektrizitäts-Gesellschaft, Berlin, B + B-Personen- und Güterzuglokomotive für 65 km/h Höchstgeschwindigkeit für Gebirgsbahnen. Fahrdrahtspannung 15 000 Volt". — Das Bild zeigt die preußische EP Breslau 215, die spätere E 42 15, in Seddin auf der Ausstellung 1924.*

73 — *Durch die geänderten Planungen der KPEV für die Elektrifizierung der Berliner S-Bahn mit 800 Volt Gleichspannung wurden die 1920 bestellten Triebgestelle nicht mehr benötigt. 1922 erhielten die Hersteller den Auftrag, aus je zwei Triebgestellen eine B + B-Lokomotive herzustellen. — E 42 19 (Bw Dittersbach) aufgenommen im Jahre 1932.*

74 — *Ende der zwanziger Jahre baute die Industrie auf eigene Kosten drei Versuchslokomotiven (E 44 001, 101' und 201). Alle hatten die Achsfolge Bo'Bo' und Tatzlagerantrieb. Als erste konnte die Firma Siemens Mitte 1930 ihre Maschine der Deutschen Reichsbahn zu Erprobungszwecken übergeben. — Die Probemaschine noch ohne Fahrzeugnummer bei einer Versuchsfahrt in Mitteldeutschland, 1930.*

75 — *1932 übernahm die Deutsche Reichsbahn die Lokomotive und bezeichnete sie als E 44 001. Die Aufnahme zeigt sie zusammen mit der im Hintergrund stehenden E 44 104 (spätere E 44 504) in ihrer neuen bayerischen Heimat.*

76 — *Ein beliebtes Ziel des Mitte der fünfziger Jahre aufkommenden Tourismus' waren die oberbayerischen Berge. Mehrmals wöchentlich verkehrten Touropa-Sonderzüge von Nord- und Westdeutschland nach Süden. — E 44 006 (Bw Garmisch-Partenkirchen) fährt mit einem Sonderzug auf der Mittenwaldbahn Richtung Klais, 1957.*

77 – *E 44 006 (Bw Garmisch-Partenkirchen) und E 04 18 (Bw München Hbf) fahren mit P 1356 aus dem Bahnhof Garmisch-Partenkirchen aus, 1957.*

78 – Kurz nach der Abnahme entstand die Aufnahme der E 44 019 in ihrem Heimat-Bw Stuttgart, 1933.

79 – *Zwei Stunden wird E 44 059 (Bw Freilassing) benötigen, um FD 5 „Orient-Express" (Paris – Bukarest) von München nach Salzburg zu bringen – ohne Unterwegshalt. Die Aufnahme entstand 1950 im Münchner Hauptbahnhof.*

80 – *Am 15. Mai 1939 wurde auf dem 179 km langen Abschnitt Nürnberg – Saalfeld der elektrische Betrieb aufgenommen. – E 44 057 (Bw Bamberg) ist die Zuglok des P 400. Der Fotograf hatte sich einen in der Nachmittagssonne liegenden Standpunkt nahe Hockeroda ausgesucht.*

81 — *Anfang der fünfziger Jahre nahm die Deutsche Bundesbahn die Versuche mit geschobenen Zügen wieder auf. 1954/55 rüstete die DB erstmals eine Serie von zwölf Maschinen mit Wendezugsteuerung aus. Zur Unterscheidung von den übrigen Maschinen erhielten sie den Indexbuchstaben „G". — E 44 094G (Bw München Hbf) mit einem Wendezug im Bahnhof Kochel, 1957.*

82 — *(rechts) E 44 099 (Bw Bamberg) 1953 in München Süd. Man beachte die bayerischen Formsignale. Sogar ein bayerisches Vorsignal (auch Schmetter ling genannt) ist noch vorhanden.*

83 – *Für die 1938 zur Deutschen Reichsbahn gekommenen österreichischen Strecken benötigte man Maschinen mit elektrischer Widerstandsbremse. Ab E 44 152 wurden die Lokomotiven mit dieser Bremse zusätzlich ausgerüstet. Sie erhielten zur Unterscheidung den Indexbuchstaben „W". – E 44 167^{W} (Bw München Hbf) im Jahre 1951 aufgenommen.*

84 – *Nochmals die E 44 167W, inzwischen zum Bw Freiburg umstationiert. Die Aufnahme zeigt sie als Zuglok des P 3112 (Freiburg – Basel Bad Bhf) am Isteiner Klotz, 1957.*

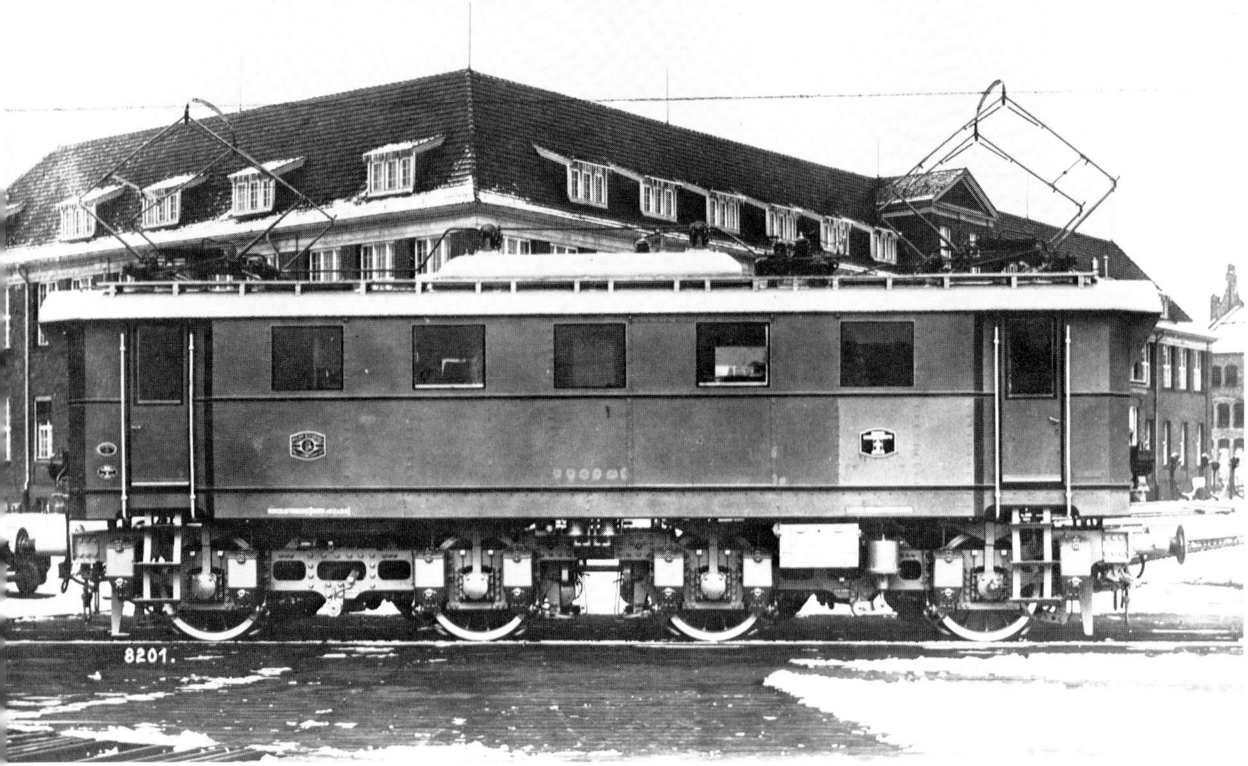

85 — *Die zweite Probelok, von der Deutschen Reichsbahn als E 44 101' übernommen, auf der Mehrspurdrehscheibe im Herstellerwerk BMAG in Wildau bei Berlin zur Jahreswende 1930/31.*

86 — *E 44 103' (Bw Freilassing) gehört zur ersten Lieferung von vier Maschinen, die im mechanischen Teil von der BMAG und im elektrischen Teil von der AEG gebaut wurden.*

87 — *(rechts) E 44 102' (Bw Freilassing vor E 101 auf der Fahrt nach Berchtesgaden in der Nähe von Stangaß, 1938.*

E44 508

88 – (links) 1938 wurden die Lokomotiven E 44 101-109 in E 44 501-509 umgenummert. Das war nötig geworden, da die Bestellungen der E 44.0 die Betriebsnummer 100 überschritten hatten. – E 44 509 (Bw Freilassing) fährt mit einem Güterzug aus dem Bahnhof Endorf/Obb. aus, 1956.

89 – Bei einer zweiten Lieferung von weiteren vier Maschinen wurden auf Grund der Wünsche der Deutschen Reichsbahn die Maschinen von der AEG, die diesmal auch den mechanischen Teil lieferte, neu konstruiert.

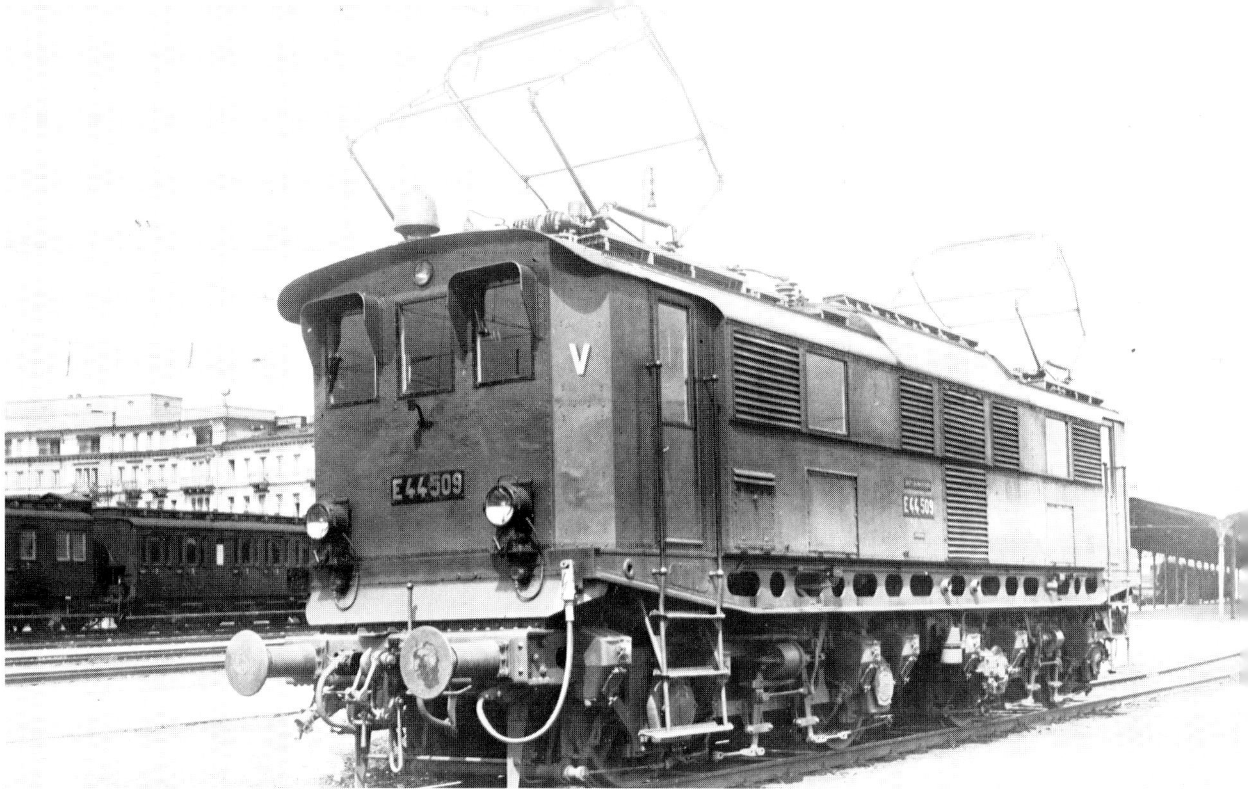

90 – Als dritte Versuchslok wurde im März 1931 die auch von der BMAG im mechanischen Teil und der BEW im elektrischen Teil gebauten Maschine der Deutschen Reichsbahn zur Erprobung übergeben. Sie setzte sie im schlesischen Netz ein und übernahm sie 1932 als E 44 201.

91 – *Für den schweren Personenzugdienst auf den schlesischen Gebirgsstrecken beschaffte die Deutsche Reichsbahn 1922 elf Einrahmenlokomotiven mit der Achsfolge 2'D1'. – Das Bild zeigt die rechte Seite der E 50 37.*

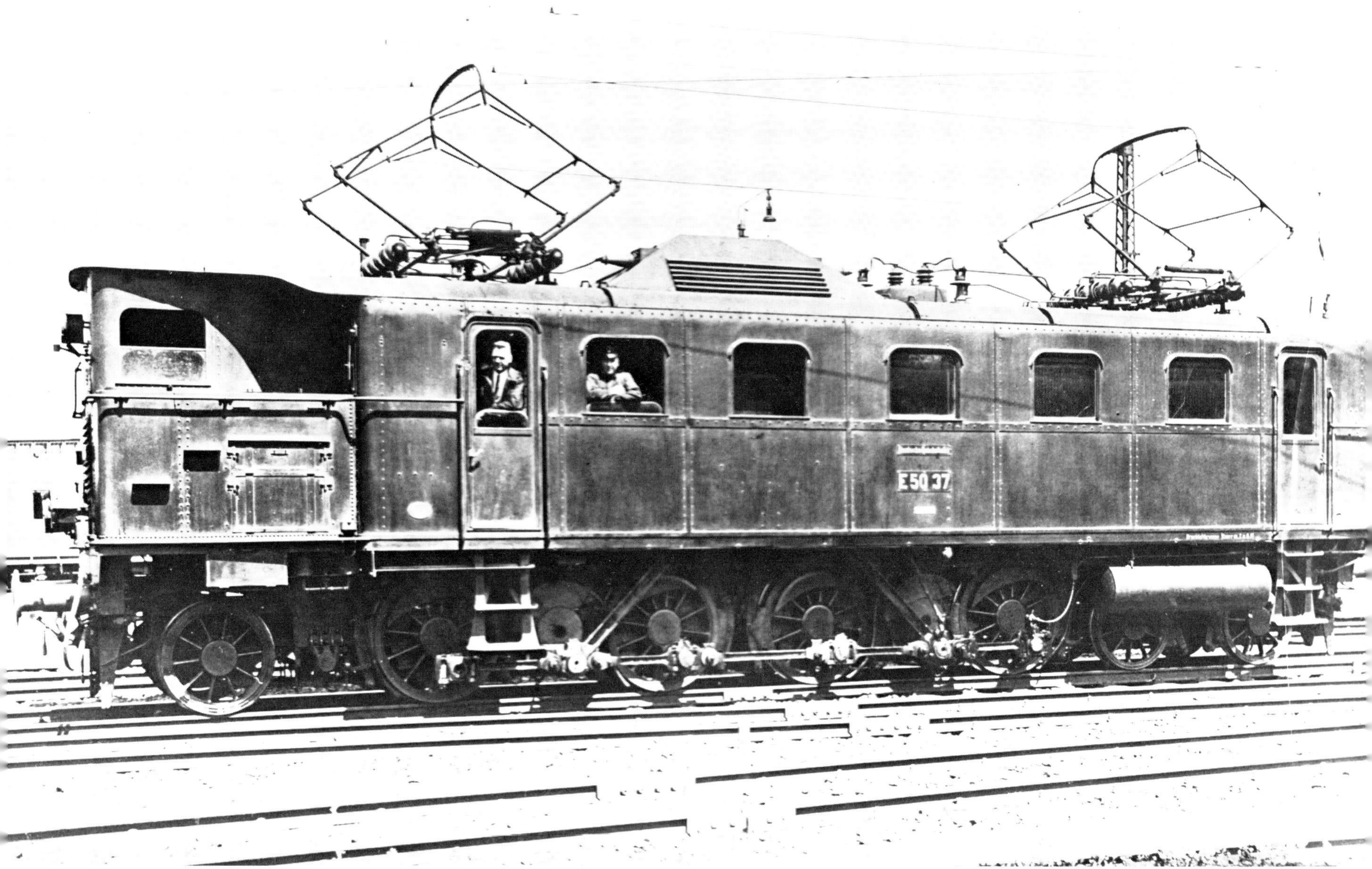

92 – *Eine Betriebsaufnahme der E 50 48 mit einem 58achsigen Personenzug im Hirschberger Hauptbahnhof.*

93 — *Im Neubauprogramm der Deutschen Bundesbahn war auch eine sechsachsige Lokomotive für den schweren Güterzugdienst. – E 50 001 im Dezember 1956 während der Abnahmeuntersuchung im AW München-Freimann.*

94 – *Zurückkehrende Schiebelokomotiven am Block Eisenwerk bei Laufach am 9. Oktober 1957. – E 50 017, 014, 019 und 012.*

95 – *Die Lokomotiven der Baureihe E 50 lösten auf der 1:50-Rampe Laufach – Heigenbrücken die Dampflokomotiven der Baureihe 95 und 96 für den Schiebedienst ab. Am 9. Oktober 1957 war E 50 022 (Bw Würzburg) als Schiebelok 1 auf der Rampe eingesetzt. Hier schiebt sie einen Güterzug an der Blockstelle Eisenwerk nach.*

96 – *E 50 011 (Bw Aschaffenburg) fährt mit einem Leerwagenzug bei Heigenbrücken talwärts, 1957.*

97 — E 50 034 vom Bw Würzburg vor einem Kokszug im Maintal gegenüber dem Ort Erlabrunn, 23. April 1958.

98 — Ein Blick auf das Bw Würzburg. Im Vordergrund E 50 020 (Bw Nürnberg Rbf) mit einem einfahrenden Güterzug. Dahinter 50 2952 (Bw Würzburg) vor dem Hilfszug. Diese Aufnahme entstand 1960.

99 — *Für den Fotografen wurde E 52 22 (Bw München Hbf) so gestellt, daß die Treibstangen sich in der unteren Lage befinden. So entstand wieder ein „Typenfoto“ einer Lokbaureihe, 18. August 1932.*

100 — *Auch die erste bayerische EP 5 wurde auf der Eisenbahntechnischen Ausstellung in Seddin 1924 gezeigt.*

101 – E 52 30 (Bw Regensburg) ist die Zuglok des P 1414 (Regensburg – Passau). Von Pleinting, wo diese Aufnahme 1959 entstand, bis Passau verläuft die Strecke parallel zur Donau.

102 – E 52 33 (Bw Treuchtlingen) mit dem abendlichen P 1137 (Nürnberg – Lichtenfels), 18. April 1955.

103 – Für den Rangierbetrieb im Münchner Raum beschaffte die Deutsche Reichsbahn 1927 zwei elektrische Lokomotiven. Bis 1934 wurden insgesamt zwölf Maschinen geliefert. – E 60 05 (Bw München Hbf) in ihrem Heimat Bw, 1953.

104 – E 60 09 (Bw Treuchtlingen) hier noch mit dem Stromabnehmer der Sonderbauart mit zwei Schleifstücken, 1932.

105 — 1913 beschaffte die Badische Staatsbahn neun Lokomotiven der Reihe A 2 für die Wiesen- und Wehratalbahn. Die Deutsche Reichsbahn übernahm sie als E 61 01-09. — Die Aufnahme der E 61 09 (Bw Basel) entstand in den dreißiger Jahren.

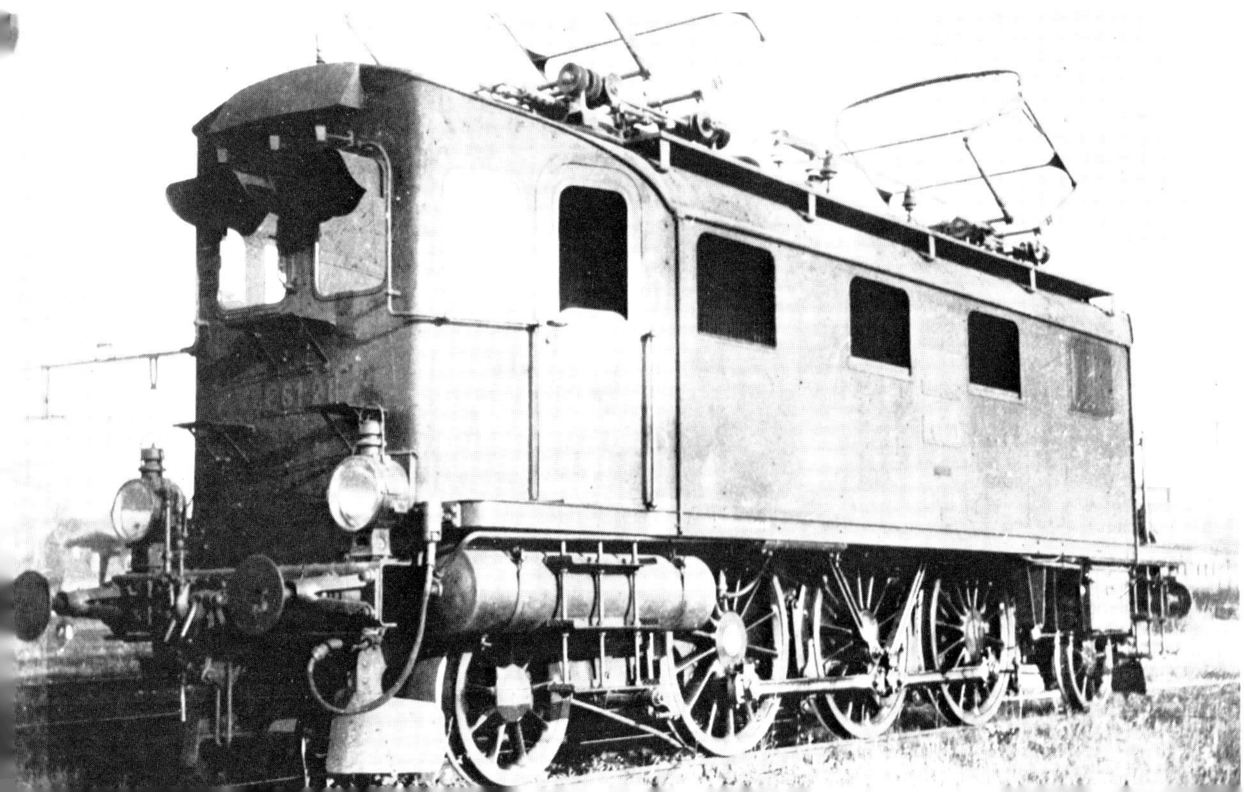

106 — Als Reihe A 3 erschienen 1914 zwei von der Maschinenfabrik Karlsruhe gebaute Lokomotiven bei der Badischen Staatsbahn. Sie waren für den Eil- und Personenzugdienst gedacht. — E 61 21 (Bw Basel) um 1927/28.

107 – *Für die Mittenwald- und Außerfernerbahn beschaffte die Bayerische Staatsbahn fünf Lokomotiven der Gattung EP 3/5 (spätere EP 1). – Als einzige ihrer Baureihe wurde E 62 01 nach dem zweiten Weltkrieg wieder in Betrieb genommen. Die Maschine, im Bw Garmisch stationiert, aufgenommen im Jahre 1953.*

108 – E 62 01 und E 62 04 (beide Bw Garmisch) vor P 2969 (Reutte – Garmisch-Partenkirchen) in der Nähe von Lermoos (Tirol), 1939.

109 – E 62 04 (Bw Garmisch) ist mit P 2968 (Garmisch-Partenkirchen – Reutte) auf der Außerfernerbahn unterwegs, 1939.

110 – *Mitte der dreißiger Jahre war man technisch in der Lage, eine laufachslose elektrische Rangierlokomotive zu bauen. Es kamen zwei verschiedene Ausführungen zur Lieferung. E 63 01-04 und 08 wurden von der Firma AEG gebaut. – E 63 01 (Bw Stuttgart-Rosenstein) im Bahnbetriebswerk München Hbf 1935 aufgenommen.*

111 – *Hier die von Krauss-Maffei und BBC gebaute Ausführung. – E 63 06 in ihrem Heimat-Bw München Hbf, 1938.*

112 – E 63 07 (Bw Garmisch) rangiert auf dem Bahnhof Garmisch-Partenkirchen. Im Hintergrund das Zugspitz-Massiv, 23. Mai 1957.

113 – E 63 08 (Bw Garmisch) vor der bayerischen Ausfahrsignalgruppe im Bahnhof Garmisch-Partenkirchen am 22. Juli 1951.

114 – Die Localbahn AG München nahm mit der seit 1905 mit 5,5 kV und 16 Hz elektrifizierten Strecke Murnau – Oberammergau die erste Einphasenwechselstromvollbahn in Betrieb. – Die Lok No. 1, die spätere E 69 01, im Bahnhof Murnau.

115 – 1938 wurde die LAG von der Deutschen Reichsbahn übernommen und die elektrischen Triebfahrzeuge als Baureihe E 69 bezeichnet. – E 69 02 (Bw Murnau) im Jahre 1952.

116 – Ein Gastspiel außerhalb Bayerns gaben E 69 02 und 03 vom Sommer 1955 bis Mai 1964. Sie waren als Rangierlokomotiven im Heidelberger Hauptbahnhof eingesetzt. – E 69 03 (Bw Heidelberg) am 22. Juli 1956 beim Bereitstellen eines Zuges. Im Hintergrund der Bahnhof der OEG.

117 – E 69 04 (Bw Murnau) mit einem Lokalbahnzug im Bahnhof Murnau, 1952.

118 – Im Bahnhof Oberammergau stehen E 69 03 (links) und E 69 05 (rechts), beide vom Bw Murnau, 1951.

119 — E 69 05 (Bw Murnau) am 22. Juli 1951 mit einem Personenzug am Einfahrsignal in Oberammergau.

120 — *Bestellt war diese Maschine für den Nahgüterzugdienst auf der zu elektrifizierenden Berliner Stadt- und Ringbahn. Nach dem Ersten Weltkrieg wurde jedoch die Elektrifizierung mit Gleichspannung verwirklicht. So wurde diese Maschine als Rangierlok auf den Münchner Bahnhöfen eingesetzt. — E 70 08 im Bahnbetriebswerk München Hbf um 1935.*

121 — *Die bayerische Staatsbahn stellte für die Strecke Freilassing — Berchtesgaden zwei B+B-Maschinen in Dienst. Bei der Deutschen Reichsbahn erhielten sie die Betriebsnummern E 70 21 und 22. — E 70 21 (Bw Freilassing) im Jahre 1938.*

122 – E 71 19 (Bw Basel) war am 20. Juni 1954 Zuglok des P 1236 (Weil – Lörrach).

123 – E 71 22 (Bw Basel) steht hier vor einem Meßzug, gebildet aus den Meßwagen Karlsruhe 700 304 und 700 301, im Bw Basel, 1932. Anhand der Isolatoren auf dem Dach des ersten Wagens und dem zusätzlich angebrachten Isolator auf der Lok ist zu vermuten, daß Messungen am Fahrleitungsnetz vorgenommen werden sollten.

124 – E 71 32 (Bw Basel) mit P 1741 (Zell – Basel) am 24. Juni 1954 im Bahnhof Schopfheim.

125 – *Für den schweren Güterzugdienst im mitteldeutschen Netz bestellte die Preußische Staatsbahn 46 B'B'-Lokomotiven. Geliefert wurden dann 27 Maschinen. 1932 wurden elf Maschinen auf die Wiesen- und Wehratalbahn umgesetzt. Hier ersetzten sie die Baureihe E 61. – E 71 32 in ihrem Heimat-Bw Basel.*

126 — *Bestellt für den Güterzugverkehr auf der Strecke Freilassing — Berchtesgaden, waren die beiden Lokomotiven — was ihren Antrieb betraf — ihrer Zeit voraus. Abgesehen von dem Versuchsfahrzeug EV 1/2 der Preußischen Staatsbahn, erhielten diese Fahrzeuge Einzelachsantrieb. — E 73 01 (Bw Freilassing) im Bahnhof Freilassing.*

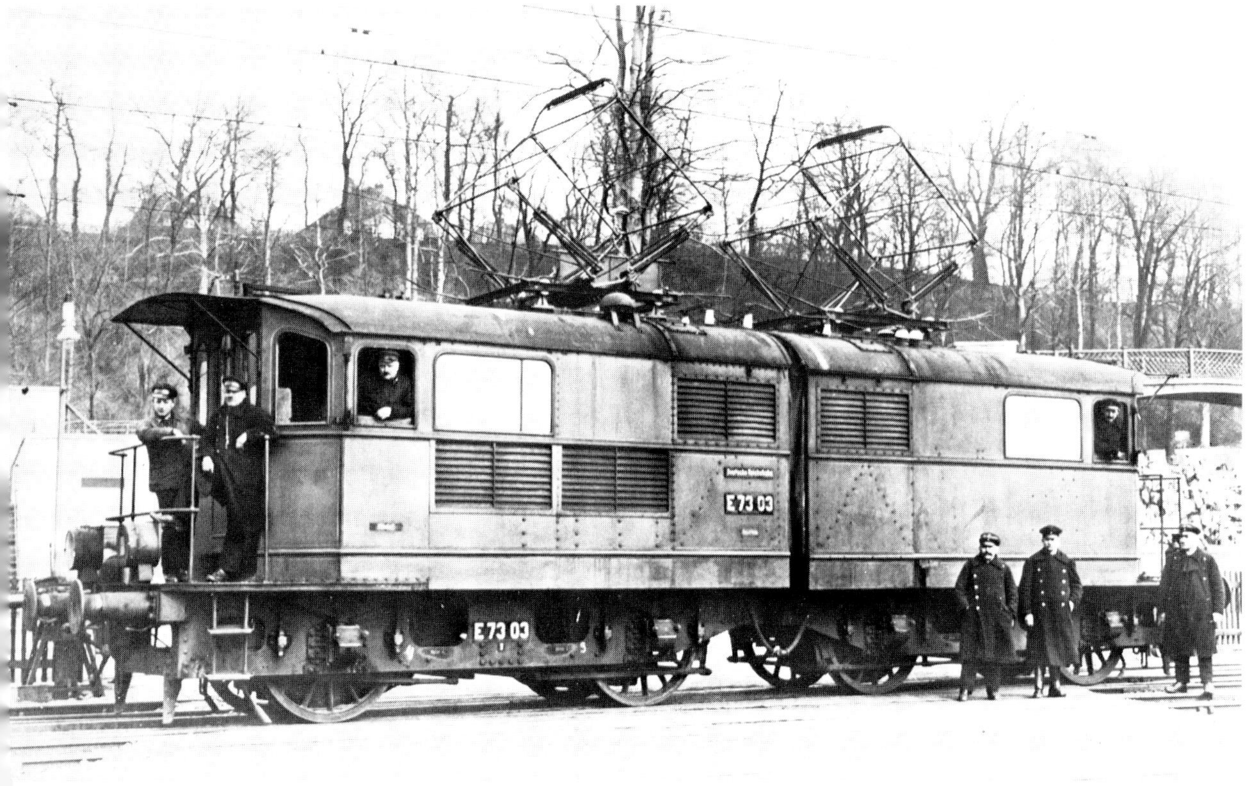

127 — *Auf einem Rundkurs bei Oranienburg testete die Preußische Staatsbahn die Brauchbarkeit von Einphasenwechselstrom für den Eisenbahnbetrieb. Dazu wurde u. a. eine A1+Bo-Lok beschafft, die unermüdlich ihre Runden drehte. Für ihren Einsatz auf der elektrischen Hafenbahn in Altona wurde sie in eine Bo+Bo-Maschine umgebaut und elektrisch den neuen Betriebsbedingungen angepaßt.*

128 – E 73 05 (Bw Ohlsdorf) anläßlich einer Untersuchung im AW München-Freimann im Jahre 1954. Diese Lok wurde 1923 als EV 5 für die Hafenbahn Altona geliefert.

129 – Die letzte Lok, die für die Hafenbahn Altona beschafft wurde, war 1925 die EV 6. 1927 wurde sie in E 73 06 umgezeichnet. Als wesentliche Neuerung erhielt sie den elastischen Westinghouse-Antrieb. Aus ihm entwickelte W. Kleinow von der Firma AEG den nach ihm benannten Federtopfantrieb.

130 — Eine Weiterentwicklung der E 77 kam als E 75 ab 1928 zur Ablieferung. Zwölf Maschinen waren für das bayerische und 19 für das mitteldeutsche Netz bestimmt. — E 75 02 wurde in ihrem Heimat-Bw München Hbf fotografengerecht aufgestellt.

131— Eine typische Bellingrodt-Lokomotiv-Standardaufnahme: E77 28 (Bw München Ost) Ende der dreißiger Jahre in ihrem Heimat-Bw.

132 – Für diese Zugkomposition gab es sogar ein eigenes Zuggattungszeichen: Lpaz – leerfahrende Lokomotive mit Packwagen. E 75 67 (Bw Leipzig West) überquert bei Dessau die Muldebrücke, 1932.

133 – Neben den 31 Maschinen für Bayern wurden auch 25 Maschinen für das mitteldeutsche Netz beschafft. – E 77 75 (Bw Leipzig-Wahren) ist die letzte abgelieferte mitteldeutsche Maschine. Die Aufnahme entstand 1933/34 im Bw Leipzig-Wahren.

134 – *Die Strecke Freilassing – Berchtesgaden mit ihren schwierigen Streckenverhältnissen veranlaßte die Bayerische Staatsbahn, immer wieder neue, stärkere Lok zu beschaffen. Für die beiden Maschinen der Baureihe E 79 war noch die bayerische Bezeichnung EG 4 vorgesehen. Die elektrische Ausrüstung lieferte die Firma Pöge aus Chemnitz. – E 79 02 (Bw Freilassing) aufgenommen im Jahre 1933.*

135 – *E 79 02 (Bw Freilassing) steht abfahrbereit vor einem Zug nach Freilassing im Bahnhof Berchtesgaden, 1933.*

136 – Um den Rangierdienst auf den Münchner Bahnhöfen auch auf den nichtüberspannten Gleisen mit elektrischen Lokomotiven durchführen zu können, bestellte die Deutsche Reichsbahn 1928 fünf sechsachsige Akkumulator-Lokomotiven. Bei der Fahrt unter der Fahrleitung wurden die Batterien über Quecksilberdampf-Gleichrichter geladen. – E 80 03 (Bw München Hbf) mit den damals für Lokomotiven mit einem Stromabnehmer üblichen zwei Schleifstücken, 18. August 1932.

137 – 1956/57 rüstete die Firma Siemens E 80 01 mit Silizium- anstelle der Quecksilberdampf-Gleichrichter aus. Es war das erste Mal, daß Siliziumhalbleitertechnik bei dieser Leistung in der elektrischen Lokomotivausrüstung angewandt wurde. – E 80 01 in Aubing beim Rangieren, 1957.

138 – E 80 05 (Bw München Hbf), aufgenommen im Jahre 1954.

139 – E 90 57 (Bw Hirschberg) mit einem Nahgüterzug auf der 1923 elektrifizierten Strecke Hirschberg – Polaun. Auf der 1936 entstandenen Aufnahme sieht man im Hintergrund die Schneekoppe.

140 – EG 555/556 mit einem Personenzug auf dem Boberviadukt bei Hirschberg, 1922.

141 – Für den Güterzugdienst auf den schlesischen Strecken bestellte die Preußische Staatsbahn 1912 zehn Doppel-Lokomotiven. Durch den Ersten Weltkrieg verzögerte sich die Auslieferung. Interessant ist die Anwendung der Hall'schen Kurbeln, die sonst nur bei Schmalspurlok bekannt ist. – E 90 52 in ihrer schlesischen Heimat 1933.

142 – 1923 beschaffte die Deutsche Reichsbahn 34 Lok mit der Achsfolge C'C' für den schweren Güterzugdienst auf den schlesischen und bayerischen Steigungsstrekken. – Am 16. August 1932 wurde die E 91 03 (Bw Landshut) im Bahnbetriebswerk München Hbf fotografiert.

143 – E 91 18 (Bw Kornwestheim) zieht einen Güterzug durch den Bahnhof Eßlingen (Neckar), 1958.

144 – *Die Baureihe E 91.3, von der 12 Maschinen zwischen 1915 und 1922 geliefert wurden, gehörte zu den auf dem schlesischen Netz anfänglich verwendeteten „Packwagenlokomotiven“. Das zwischen den Führerständen liegende Gepäckabteil sollte die Mitnahme eines besonderen Packwagens erübrigen.*

145 – *1929 wurden noch einmal zwölf Maschinen der Baureihe E 91.9 bei der Reichsbahndirektion Breslau in Dienst gestellt. Bei ihnen wurde das erste Mal eine elektrische Widerstandsbremse eingebaut. – Die Aufnahme zeigt E 91 102 vom Bw Waldenburg-Dittersbach Mitte der dreißiger Jahre.*

146 – 1923 erschienen die ersten Lok mit Einzelachsantrieb auf den schlesischen Strecken. Die Firma Linke-Hoffmann baute neun Co+Co-Doppellokomotiven mit Tatzlagerantrieb. – E 92 79 (Bw Hirschberg) in Schlesien Mitte der dreißiger Jahre aufgenommen.

147 – Durch die Elektrifizierung der Strecke Augsburg – Stuttgart wurde für den Betrieb auf der Geislinger Steige eine kräftige Güterzuglok benötigt. Die Firma AEG konstruierte eine Co'Co'-Lok und lieferte die erste Maschine 1933. – E 93 02 (Bw Kornwestheim) aufgenommen im Bw Plochingen.

148 – E 93 07 (Bw Kornwestheim) fährt mit einem Güterzug durch den Bahnhof Amstetten (Württ.), 1952.

149 — 1938 entstand diese Aufnahme in Göppingen am Ufer der Vils. E 93 13 (Bw Kornwestheim) als Vorspann vor der E 91 08 (Bw Ulm).

150 — E 93 17 (Bw Kornwestheim) vor einem Kokszug auf der Geislinger Steige am 8. Juli 1949.

151 — *1940 wurden die ersten Maschinen einer verstärkten E 93, nun als E 94 bezeichnet, geliefert. — E 94 001 vor ihrer Abnahme 1940.*

152 — *E 94 276 (Bw Würzburg) vor dem E-Lok-Schuppen des Bw Nürnberg Hbf am 20. April 1955.*

153 — E 94 023 (Bw Regensburg) ist mit P 1509 von Regensburg nach Nürnberg unterwegs. Die Aufnahme entstand 1954 in der Nähe von Batzhausen.

154 — E 94 039 (Bw Ulm) zog am 27. Juli 1952 den D 408 (Münster – München). Der Fotograf hat hier an einem Sonntagmorgen in der Nähe von Urspring seine Kamera aufgebaut.

155 – E 94 075 (Bw Regensburg) übequert mit P 1414 (Regensburg – Passau) die Vils in Vilshofen, 1959.

156 – Durch den Bahnhof Eßlingen (Neckar) fährt ein Güterzug mit E 94 086 vom Bw Kornwestheim, 1949.

157 – Auf der 240 m langen Brücke überquert ein Güterzug mit E 94 121 (Bw Ulm) und 44 332 (Bw Kornwestheim) die Enz bei Bietigheim, 1956.

158 – E 94 126 (Bw Ulm) fährt mit einem Güterzug über die Geislinger Steige, 10. August 1932.

159 – Im schweren Güterzugdienst auf der schlesischen Gebirgsbahn Breslau – Hirschberg – Görlitz kamen die sechs Maschinen der Baureihe E 95 zum Einsatz. – E 95 01 (Bw Hirschberg) im Jahre 1936.

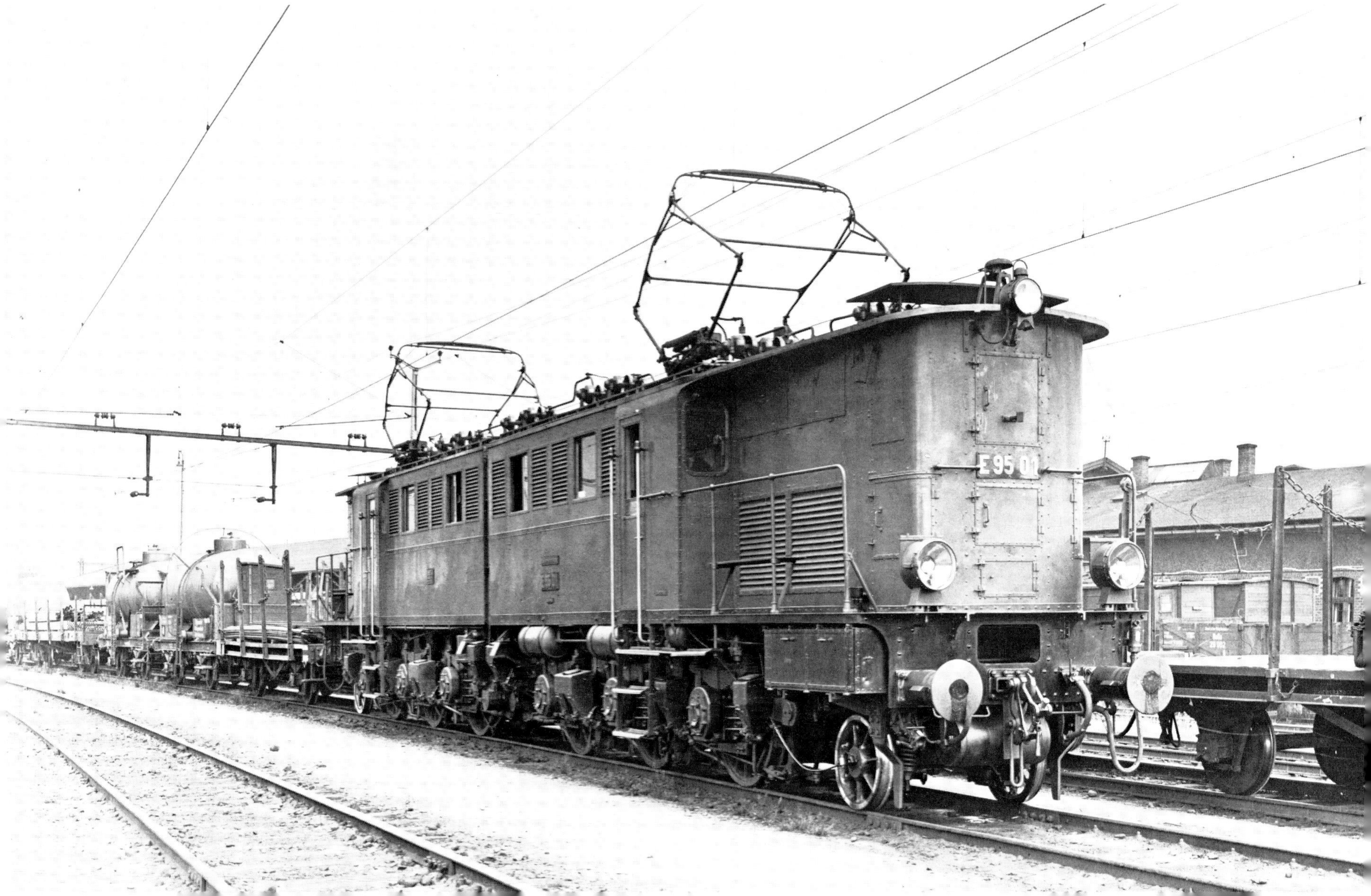

160 – Ursprünglich war die Lokomotive für die Spandauer Hafenbahn beschafft worden. 1925 übernahm die Deutsche Reichsbahn diese Maschine für ihre mit Gleichstrom betriebene Strecke Berchtesgaden – Schellenberg.

161 – Im Zweiten Weltkrieg wurde die Lok in eine Akku-Lok umgebaut. Ihr Einsatzgebiet war nach wie vor der Raum Berchtesgaden, wo am 20. September 1953 diese Aufnahme entstand.

162 – *Für die Umgestaltung der Eisenbahnanlagen in Berlin plante die Deutsche Reichsbahn zwei große Fernbahnhöfe im Norden und Süden Berlins. Durch eine Tunnelstrecke sollten sie miteinander verbunden werden. Die Züge sollten mit Gleichstrom-Lokomotiven durch den Tunnel fahren. Dafür waren 1Bo+Bo1-Maschinen vorgesehen. Zwei große elektrisch beheizte Kessel erzeugten den Dampf für die Zugheizung. Die Planung kam nicht zur Ausführung und die in nur einem Exemplar gelieferte E 178 01 wurde als Rangierlokomotive in den Berliner S-Bahn-Betriebswerken verwendet. Die Aufnahme entstand 1931.*

163 – Um die Eignung von Wechselstrom 50 Hz aus der Landesversorgung zu untersuchen, wurde 1936 die Höllental- und Dreiseenbahn im Hochschwarzwald mit 20 kV und 50 Hz Einphasenwechselstrom elektrifiziert. Zum Einsatz kamen vier verschiedene Lokomotiven. Während sie sich im mechanischen Teil an die E 44 anlehnten, wurden im elektrischen Teil unterschiedliche Ausrüstungen eingebaut. – E 244 01 in ihrem Heimat-Bw Freiburg am 13. April 1938.

164 – E 244 11 (Bw Freiburg) im Bhf Himmelreich am 19. Juli 1937.

165 – *Wegen des eingeschränkten Lichtraumprofils der Tunnel erhielten die Lok einen Stromabnehmer einer Sonderbauart mit verkürztem Schleifstück. Auf der Aufnahme der E 244 21 vom Bw Freiburg, die am 19. Juli 1937 vor dem Lokschuppen in Neustadt (Schwarzw) entstand, kann man den schmaleren Stromabnehmer gut erkennen.*

166 – *E 244 31 (Bw Freiburg) auf dem Gelände des Bahnbetriebswerkes Freiburg am 19. Juli 1937.*

167 – Kreuzung im Bahnhof Hirschsprung. E 244 11 (Bw Freiburg) mit P 1561 (Freiburg – Neustadt) fährt aus Gleis 3 aus. Im Hintergrund rollt die E 244 22 mit P 1558 (Neustadt – Freiburg) talwärts, 6. März 1960.

168 – E 244 21 (Bw Freiburg) fährt mit E 585 (Freiburg – Stuttgart) aus dem 72 m langen Falkensteintunnel aus, 6. Juni 1958.

169 – E 244 21 (Bw Freiburg) mit einem Touropa-Sonderzug zwischen Hinterzarten und Titisee am 14. September 1955.

170 — 1950 wurde eine fünfte 50 Hz-Lokomotive in Betrieb genommen. Sie entstand aus der kriegsbeschädigten E 44 005. — E 244 22 (Bw Freiburg) im Mai 1954 im Bahnhof Titisee vor einem Zug nach Seebrugg.

171 – *Als Ersatz für den ausgefallenen ET 255 01 wurde ein Zug mit E 244 22 und zwei zweiachsigen Personenwagen im Plan des Triebwagens gefahren; hier als P 1570 (Neustadt – Freiburg) aus dem Bhf Hirschsprung ausfahrend, 1952.*

172 – Vor P 1573 (Freiburg – Donaueschingen) wartet E 244 31 (Bw Freiburg) auf das Abfahrsignal der Aufsicht, 18. Juli 1937.

173 – *Aus den Erfahrungen mit E 320 wurde eine Zwei-System-Lok E 310 und eine Vier-System-Lok E 410 entwickelt. Die E 310 war für 15 000 V und 16 2/3 Hz bzw. 25 000 V und 50 Hz geeignet. – E 310 001 in ihrem Heimat-Bw Saarbrücken Hbf, 1966.*

174 – *Für den grenzüberschreitenden Verkehr nach Frankreich lieferte die Industrie drei Versuchslok für den Zweifrequenzbetrieb. Im mechanischen Teil sind sie weitgehend baugleich, während der elektrische Teil unterschiedlich ausgeführt wurde. – E 320 21 (Bw Saarbrücken) am 17. Juni 1960 in Saarbrücken Hbf.*

175 – E 310 002 (Bw Saarbrücken Hbf), inzwischen in 182 002 - 7 umgezeichnet, vor dem TEE 50 „Goethe" (Paris – Frankfurt/Main) in Saarbrücken im August 1970.

176 – E 320 21 (Bw Saarbrücken) als Vorspann vor einem Güterzug mit 50 821 (Bw Saarbrücken Rbf) als Zuglok bei Gersweiler/Saar im Juli 1970.

Wollen Sie weiterblättern?

Ihr „Ellok-Bellingrodt“ hat zwei Vorgänger, die sich ausschließlich mit der Dampflokzeit beschäftigen:

Reichsbahn-Dampflokomotiven – fotografiert von Carl Bellingrodt
202 Seiten, 335 Fotos, DM 45,–, Verlag EISENBAHN-KURIER

Hier finden Sie eine gelungene Mischung von Portrait-Aufnahmen in der bekannten Qualität Bellingrodt'scher Fotos und faszinierend schöne Betriebsaufnahmen von Lokomotiven, die es längst nicht mehr gibt – und das in Landschaften, die heute ihr Gesicht bis zur Unkenntlichkeit verändert haben. 335 (!) sorgfältig ausgewählte Fotos aus dem reichhaltigen Archiv des Altmeisters der deutschen Eisenbahnfotografie gehören mit diesem Band in Ihre Sammlung; eine ausführliche Würdigung des Schaffens von Carl Bellingrodt führt Sie in eine Zeit, zu der das Fotografieren von Eisenbahnen ungleich schwieriger war als heute – trotz der Motivfülle jener Jahre.

Bundesbahn-Dampflokomotiven – fotografiert von Carl Bellingrodt
172 Seiten, 250 Fotos, DM 45,–, Verlag EISENBAHN-KURIER

Auch dieser Band hält eine Fülle ausgesuchter Raritäten für Sie bereit. Fotos aus der Frühzeit der Bundesbahn und aus der unmittelbaren Nachkriegszeit, die nur dank Carl Bellingrodts unermüdlicher Arbeit zugänglich sind. Das wird Sie begeistern: der legendäre Henschel-Wegmann-Zug, bespannt mit 01 039 als F 56 „Blauer Enzian“; stromlinienverkleidete „Pacifics“; Dampflokbegegnung in voller Fahrt; bayerische S 3/6, gleich zwei vor einem Zug, mit bayerischen Signalen; die Franco-Crosti Lok 42 9000 und 9001 als Portrait und in voller Fahrt – das sind nur einige der Leckerbissen dieses Bandes. Bellingrodtsche Bildmotive und die gewohnte EK-Druckqualität machen auch diesen Band zu einem Spitzentitel der deutschen Eisenbahnliteratur.

In jeder guten Fachbuchhandlung sind diese Bände zu haben – und sonst macht es Ihnen die beiliegende Bestellkarte leicht, in den Besitz dieser Kostbarkeiten zu kommen.